中华人民共和国国徽法

中国法制出版社

目　　录

中华人民共和国主席令

第六十号

《全国人民代表大会常务委员会关于修改〈中华人民共和国国徽法〉的决定》已由中华人民共和国第十三届全国人民代表大会常务委员会第二十二次会议于 2020 年 10 月 17 日通过，现予公布，自 2021 年 1 月 1 日起施行。

中华人民共和国主席　习近平

2020 年 10 月 17 日

全国人民代表大会常务委员会关于修改《中华人民共和国国徽法》的决定

（2020年10月17日第十三届全国人民代表大会常务委员会第二十二次会议通过）

第十三届全国人民代表大会常务委员会第二十二次会议决定对《中华人民共和国国徽法》作如下修改：

一、将第一条修改为："为了维护国徽的尊严，正确使用国徽，增强公民的国家观念，弘扬爱国主义精神，培育和践行社会主义核心价值观，根据宪法，制定本法。"

二、将第四条第一款修改为："下列机构应当悬挂国徽：

"（一）各级人民代表大会常务委员会；

"（二）各级人民政府；

"（三）中央军事委员会；

"（四）各级监察委员会；

"（五）各级人民法院和专门人民法院；

"（六）各级人民检察院和专门人民检察院；

“（七）外交部；

“（八）国家驻外使馆、领馆和其他外交代表机构；

“（九）中央人民政府驻香港特别行政区有关机构、中央人民政府驻澳门特别行政区有关机构。”

删去第二款。

三、将第五条第一项、第二项修改为：“（一）北京天安门城楼、人民大会堂；

“（二）县级以上各级人民代表大会及其常务委员会会议厅，乡、民族乡、镇的人民代表大会会场”。

增加一项，作为第四项：“（四）宪法宣誓场所”。

四、将第六条第一项修改为：“（一）全国人民代表大会常务委员会，国务院，中央军事委员会，国家监察委员会，最高人民法院，最高人民检察院”。

第三项修改为：“（三）县级以上地方各级人民代表大会常务委员会、人民政府、监察委员会、人民法院、人民检察院，专门人民法院，专门人民检察院”。

五、增加一条，作为第七条：“本法第六条规定的机构应当在其网站首页显著位置使用国徽图案。

“网站使用的国徽图案标准版本在中国人大网和中国政府网上发布。”

六、将第七条改为第八条，第二项修改为：“（二）中华人民共和国主席、副主席，全国人民代表大会常务委员会委员长、副委员长，国务院总理、副总理、国务委员，中央军事委员会主席、副主席，国家监察委员会主任，最高人民法院院长和最高人民检察院检察长以职务名义对外使用的信封、信笺、请柬等”。

七、增加一条，作为第九条：“标示国界线的界桩、界碑和标示领海基点方位的标志碑以及其他用于显示国家主权的标志物可以使用国徽图案。

“中国人民银行发行的法定货币可以使用国徽图案。”

八、增加一条，作为第十条：“下列证件、证照可以使用国徽图案：

“（一）国家机关工作人员的工作证件、执法证件等；

“（二）国家机关颁发的营业执照、许可证书、批准证书、资格证书、权利证书等；

“（三）居民身份证，中华人民共和国护照等法定出入境证件。

“国家机关和武装力量的徽章可以将国徽图案作为核心图案。

“公民在庄重的场合可以佩戴国徽徽章，表达爱国情感。”

九、将第十条改为第十三条，第一项、第二项修改为：“（一）商标、授予专利权的外观设计、商业广告；

“（二）日常用品、日常生活的陈设布置”。

十、增加一条，作为第十五条：“国徽应当作为爱国主义教育的重要内容。

“中小学应当教育学生了解国徽的历史和精神内涵。

“新闻媒体应当积极宣传国徽知识，引导公民和组织正确使用国徽及其图案。”

十一、将第十二条改为第十六条，第二款修改为：“需要悬挂非通用尺度国徽的，应当按照通用尺度成比例适当放大或者缩小，并与使用目的、所在建筑物、周边环境相适应。”

十二、将第十四条改为第十七条，修改为：“国务院办公厅统筹协调全国范围内国徽管理有关工作。地方各级人民政府统筹协调本行政区域内国徽管理有关工作。

“各级人民政府市场监督管理部门对国徽的制作和销售实施监督管理。

“县级人民政府确定的部门对本行政区域内国徽的悬挂、使用和收回实施监督管理。”

本决定自2021年1月1日起施行。

《中华人民共和国国徽法》根据本决定作相应修改并对条文顺序作相应调整，重新公布。

中华人民共和国国徽法

（1991年3月2日第七届全国人民代表大会常务委员会第十八次会议通过　根据2009年8月27日第十一届全国人民代表大会常务委员会第十次会议《关于修改部分法律的决定》第一次修正　根据2020年10月17日第十三届全国人民代表大会常务委员会第二十二次会议《关于修改〈中华人民共和国国徽法〉的决定》第二次修正）

第一条　为了维护国徽的尊严，正确使用国徽，增强公民的国家观念，弘扬爱国主义精神，培育和践行社会主义核心价值观，根据宪法，制定本法。

第二条　中华人民共和国国徽，中间是五星照耀下的天安门，周围是谷穗和齿轮。

中华人民共和国国徽按照1950年中央人民政府委员会通过的《中华人民共和国国徽图案》和中央人民政府委员会办公厅公布的《中华人民共和国国徽图案制作说明》制作。

第三条　中华人民共和国国徽是中华人民共和国的象征和标志。

一切组织和公民，都应当尊重和爱护国徽。

第四条　下列机构应当悬挂国徽：

（一）各级人民代表大会常务委员会；

（二）各级人民政府；

（三）中央军事委员会；

（四）各级监察委员会；

（五）各级人民法院和专门人民法院；

（六）各级人民检察院和专门人民检察院；

（七）外交部；

（八）国家驻外使馆、领馆和其他外交代表机构；

（九）中央人民政府驻香港特别行政区有关机构、中央人民政府驻澳门特别行政区有关机构。

国徽应当悬挂在机关正门上方正中处。

第五条　下列场所应当悬挂国徽：

（一）北京天安门城楼、人民大会堂；

（二）县级以上各级人民代表大会及其常务委员会会议厅，乡、民族乡、镇的人民代表大会会场；

（三）各级人民法院和专门人民法院的审判庭；

（四）宪法宣誓场所；

（五）出境入境口岸的适当场所。

第六条　下列机构的印章应当刻有国徽图案：

（一）全国人民代表大会常务委员会，国务院，中央军事委员会，国家监察委员会，最高人民法院，最高人民检察院；

（二）全国人民代表大会各专门委员会和全国人民代表大会常务委员会办公厅、工作委员会，国务院各部、各委员会、各直属机构、国务院办公厅以及国务院规定应当使用刻有国徽图案印章的办事机构，中央军事委员会办公厅以及中央军事委员会规定应当使用刻有国徽图案印章的其他机构；

（三）县级以上地方各级人民代表大会常务委员会、人民政府、监察委员会、人民法院、人民检察院，专门人民法院，专门人民检察院；

（四）国家驻外使馆、领馆和其他外交代表机构。

第七条　本法第六条规定的机构应当在其网站首页显著位置使用国徽图案。

网站使用的国徽图案标准版本在中国人大网和中国政府网上发布。

第八条　下列文书、出版物等应当印有国徽图案：

（一）全国人民代表大会常务委员会、中华人民共和国主席和国务院颁发的荣誉证书、任命书、外交文书；

（二）中华人民共和国主席、副主席，全国人民代表大会常务委员会委员长、副委员长，国务院总理、副总理、国务委员，中央军事委员会主席、副主席，国家监察委员会主任，最高人民法院院长和最高人民检察院检察长以职务名义对外使用的信封、信笺、请柬等；

（三）全国人民代表大会常务委员会公报、国务院公报、最高人民法院公报和最高人民检察院公报的封面；

（四）国家出版的法律、法规正式版本的封面。

第九条 标示国界线的界桩、界碑和标示领海基点方位的标志碑以及其他用于显示国家主权的标志物可以使用国徽图案。

中国人民银行发行的法定货币可以使用国徽图案。

第十条 下列证件、证照可以使用国徽图案：

（一）国家机关工作人员的工作证件、执法证件等；

（二）国家机关颁发的营业执照、许可证书、批准证书、资格证书、权利证书等；

（三）居民身份证，中华人民共和国护照等法定出入境证件。

国家机关和武装力量的徽章可以将国徽图案作为核心图案。

公民在庄重的场合可以佩戴国徽徽章，表达爱国情感。

第十一条 外事活动和国家驻外使馆、领馆以及其他外交代表机构对外使用国徽图案的办法，由外交部规定，报国务院批准后施行。

第十二条 在本法规定的范围以外需要悬挂国徽或者使用国徽图案的，由全国人民代表大会常务委员会办公厅或者国务院办公厅会同有关主管部门规定。

第十三条 国徽及其图案不得用于：

（一）商标、授予专利权的外观设计、商业广告；

（二）日常用品、日常生活的陈设布置；

（三）私人庆吊活动；

（四）国务院办公厅规定不得使用国徽及其图案的其他场合。

第十四条 不得悬挂破损、污损或者不合规格的国徽。

第十五条 国徽应当作为爱国主义教育的重要内容。

中小学应当教育学生了解国徽的历史和精神内涵。

新闻媒体应当积极宣传国徽知识，引导公民和组织正确使用国徽及其图案。

第十六条 悬挂的国徽由国家指定的企业统一制作，其直径的通用尺度为下列三种：

（一）一百厘米；

（二）八十厘米；

（三）六十厘米。

需要悬挂非通用尺度国徽的，应当按照通用尺度成比例适当放大或者缩小，并与使用目的、所在建筑物、周边环境相适应。

第十七条 国务院办公厅统筹协调全国范围内国徽管理有关工作。地方各级人民政府统筹协调本行政区域内国徽管理有关工作。

各级人民政府市场监督管理部门对国徽的制作和销售实施监督管理。

县级人民政府确定的部门对本行政区域内国徽的悬挂、使用和收回实施监督管理。

第十八条　在公共场合故意以焚烧、毁损、涂划、玷污、践踏等方式侮辱中华人民共和国国徽的，依法追究刑事责任；情节较轻的，由公安机关处以十五日以下拘留。

第十九条　本法自1991年10月1日起施行。

附件：（中华人民共和国国徽图案见封三）

中华人民共和国国徽图案制作说明

（1950年9月20日中央人民政府委员会办公厅公布）

一、两把麦稻组成正圆形的环。齿轮安在下方麦稻杆的交叉点上。齿轮的中心交结着红绶。红绶向左右绾住麦稻而下垂，把齿轮分成上下两部。

二、从图案正中垂直画一直线，其左右两部分，完全对称。

三、图案各部分之地位、尺寸，可根据方格墨线图之比例，放大或缩小。

四、如制作浮雕，其各部位之高低，可根据断面图之比例放大或缩小。

五、国徽之涂色为金红二色：麦稻、五星、天安门、齿轮为金色，圆环内之底子及垂绶为红色；红为正红（同于国旗），金为大赤金（淡色而有光泽之金）。

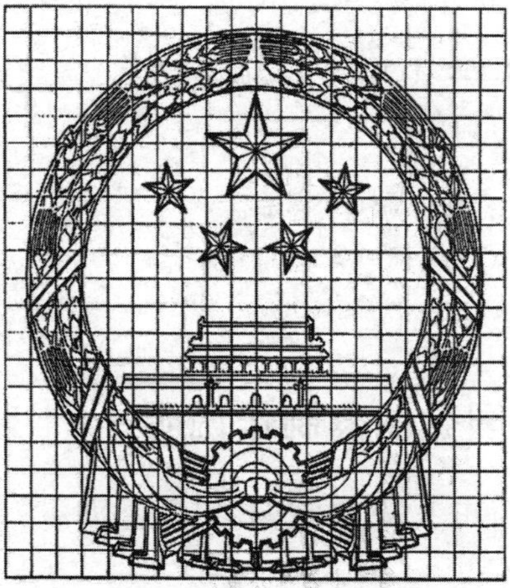

中华人民共和国国徽方格墨线图

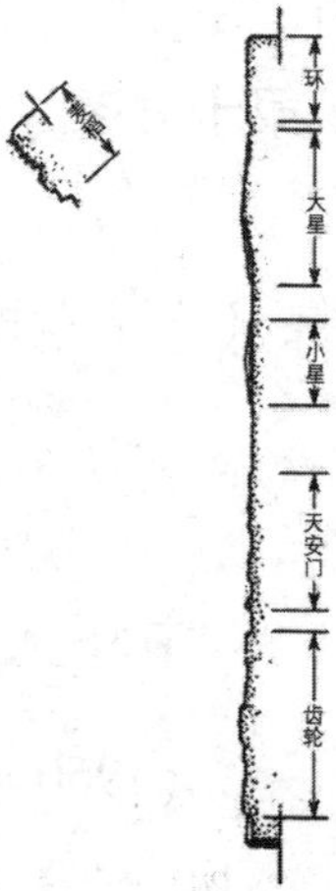

中华人民共和国国徽纵断面图

关于《中华人民共和国国徽法（修正草案）》的说明

——2020年8月8日在第十三届全国人民代表大会常务委员会第二十一次会议上

全国人大常委会法制工作委员会副主任　武　增

全国人民代表大会常务委员会：

我受委员长会议的委托，作关于《中华人民共和国国徽法（修正草案）》的说明。

一、修改国徽法的必要性和重要意义

我国宪法第一百四十二条规定："中华人民共和国国徽，中间是五星照耀下的天安门，周围是谷穗和齿轮。"1991年3月七届全国人大常委会第十八次会议通过国徽法，对国徽的制作、悬挂、国徽图案的使用以及国徽使用的监督管理等作出规定。2009年8月十一届全国人大常委会第十次会议对国徽法的法律责任条款作了修改。国徽法颁布施行近三十年来，对于保障国徽的正确使用，维护国徽的尊严，增强公民的国家观念，弘扬爱国主义精神，发挥了重要作用。同时，随着我国政治和社会的发展，国徽法实施中也遇到一些新情况新问题，主要是：国家机关使用国徽的情形需要进一步完善；国徽图案的使用需要进一步规范，哪些证件证照、网站等能够使用国徽图案需要明确；国徽的通用尺度也不适应现实需要，国徽制作、销售、悬挂、使用、回收的监督管理部门还不够明确等。针对实践中存在的突出问题，与时俱进，适时修改国徽法，完善国家标志制度，具有重要意义。

（一）修改国徽法，规范国徽的使用，是维护国家的形象和尊严的需要

国徽是国家的象征和标志，代表着国家的权威与尊严。现实生活中，使用国徽图案的情况比较多，在商品和网络上，国徽图案使用不当的情形也时有发生，损害了国徽尊严。修改国徽法，强化国徽使用的规范性和严肃性，加强国徽使用的管理监督，有利于形成维护国徽尊严的意识和社会氛围，有利于维护国家的形象和尊严。

（二）修改国徽法，完善国徽制度，是培育和践行社会主义核心价值观的需要

爱国是社会主义核心价值观的重要内容，国徽作为国家的象征和标志，是进行爱国主义教育的最好教材。现行国徽法主要对国家机关悬挂国徽提出了要求，没有对各类证件证照、网站等使用国徽图案作出规定。实践

中，国徽及其图案广泛运用于国家机关颁发的工作证件、身份证等各类证件、证照，成为代表国家机关认证、认可的重要方式。修改完善国徽法，有利于弘扬爱国主义精神，培育和践行社会主义核心价值观。

（三）修改国徽法，完善国家象征和标志制度，是推进国家治理体系和治理能力现代化的需要

党的十九届四中全会决定提出：发展社会主义先进文化、广泛凝聚人民精神力量，是国家治理体系和治理能力现代化的深厚支撑。国徽制度是国家制度的重要方面。党的十八大以来，以习近平同志为核心的党中央高度重视国家仪典、国家标志方面的立法，相继制定国歌法、国家勋章和国家荣誉称号法、英雄烈士保护法等重要法律，完善了宪法确立的许多重要国家制度，建立了宪法宣誓制度、国家公祭制度等。修改国徽法，完善国家标志法律制度，强化公民的国家意识和爱国主义精神，是发展社会主义先进文化的重要体现，是推进国家治理体系和治理能力现代化的重要支撑。

当前，中国特色社会主义进入新时代，我国正处在实现中华民族伟大复兴的关键时期，修改国徽法，完善国家标志制度，展现大国气象，强化国家观念，有利于增强全体人民对中国特色社会主义的道路自信、理论自信、制度自信、文化自信，有利于为实现中华民族伟大复兴的中国梦凝聚强大的精神力量。

二、修改的工作过程、指导思想和遵循的原则

近年来，一些全国人大代表、全国政协委员和专家学者提出修改完善国徽法的意见建议。2019 年 3 月，全国人大常委会在研究落实习近平总书记关于完善国旗法的重要批示时，提出一并对国徽法进行修改完善，将国徽法修改列入常委会年度立法工作计划。法制工作委员会立即启动修改工作，研究总结实践中国徽使用好的经验做法，梳理存在的问题，对国外有关国徽的立法进行了研究；到北京、浙江进行调研，了解国徽制作和使用、国徽教育等方面的情况；召开座谈会，听取全国人大代表、政协委员、专家学者和中央有关部门意见。在形成修改方案后，又书面征求了部分中央和国家机关意见。在此基础上，形成了《中华人民共和国国徽法（修正草案）》。经委员长会议审议，决定将国徽法（修正草案）提请本次常委会会议审议。

修改国徽法坚持以习近平新时代中国特色社会主义思想为指导，贯彻党的十九大和十九届二中、三中、四中全会精神，完善国家重要标志制度，在全社会形成尊重、爱护国徽的氛围，增强公民的国家观念，弘扬爱国主义精神，培育和践行社会主义核心价值观，为实现中华民族伟大复兴凝聚精神力量。

修改国徽法遵循的原则：一是坚持部分修改，不作大的修改。突出重点，对实践中影响国徽权威和尊严的

问题作出规范，明确国徽使用的监督管理部门。二是坚持以规范为主。进一步完善国家机关使用国徽和国徽图案的情形，对使用非通用尺度的国徽作了更加灵活的规定。同时对国徽及其图案的使用作出明确规范，维护国徽的权威和尊严。三是做好与涉及国徽的其他相关法律的衔接，保持法律规范之间的和谐统一。

三、修正草案的主要内容

修正草案共 14 条，主要内容如下：

（一）关于完善应当悬挂国徽的场所

根据实践发展的需要，增加应当悬挂国徽的场合。一是为体现国家监察体制改革后国家机构的新变化，明确各级“监察委员会”悬挂国徽。二是按照进一步加强乡镇人大建设的精神，增加规定“乡、民族乡、镇的人民代表大会会场”悬挂国徽。三是根据实践发展的需要，删去现行法第四条中的“乡、民族乡、镇的人民政府可以悬挂国徽，具体办法由省、自治区、直辖市的人民政府根据实际情况规定”，明确乡镇人民政府悬挂国徽。四是明确“宪法宣誓场所”悬挂国徽。

（二）关于增加国徽图案的使用情形

根据实践发展的需要，补充完善国徽使用的情形。一是根据国家机关信息化建设的情况，规定国家机构的“官方网站应当在首页显著位置使用国徽图案”；二是完善中央国家机关领导人员以职务名义对外使用的信封、信笺、请柬等使用国徽图案的规定；三是增加规定国家出版的“法律、法规汇编的封面”应当印有国徽图案，同时明确“其他出版物需要在封面上印有国徽图案的，应当报国家出版主管部门批准”；四是增加规定“中国人民银行发行的法定货币可以使用国徽图案”；五是增加规定国家机关工作人员使用的工作证件、执法证件等，国家机关颁发的营业执照、许可证书、批准证书、资格证书、权利证书等，学位证书，居民身份证、中华人民共和国护照等可以使用国徽图案。

（三）关于严格规范国徽使用范围

为加强国徽及其图案使用的规范化，进一步明确和限定使用范围。一是明确在本法规定的范围以外“不得随意悬挂国徽或者使用国徽图案”；二是增加规定“产品外观设计”不得使用国徽和国徽图案；三是将国徽和国徽图案不得用于“日常生活的陈设布置”修改为不得用于“日常用品和陈设布置”。

（四）完善悬挂非通用尺度国徽的批准程序和悬挂要求

现行法第十二条第二款规定：“在特定场所需要悬挂非通用尺度国徽的，报国务院办公厅批准。”一些地方反映，现在国家机关办公场所的建筑物体量比以前大，悬挂现有的三种通用尺度的国徽，有时显得不协调，建议作出更加灵活的规定。据此，将上述规定修改为：“需要悬挂非通用尺度国徽的，报全国人民代表大会常务委员会办公厅或者国务院办公厅批准。悬挂非通用尺度国徽的，应当与使用目的、所在建筑物、周边环境相适应。”

（五）关于明确国徽的监管部门

现行法第十四条规定：“县级以上各级人民政府对国徽的使用，实施监督管理。”有的建议应当明确具体的监管部门。据此，草案规定：“国务院确定的部门统筹协调全国范围内国徽管理有关工作。地方各级人民政府统筹协调本行政区域内国徽管理有关工作”，“地方各级人民政府市场监督管理部门对本行政区域内国徽的制作和销售，实施监督管理”，“县级人民政府确定的部门对本行政区域内国徽的悬挂、使用和回收，实施监督管理。”

此外，还有一个问题需要说明。国徽法已经列入香港特别行政区基本法、澳门特别行政区基本法附件三，并已在香港特别行政区、澳门特别行政区实施。这次修改国徽法无需重新列入两个基本法附件三。考虑到香港特别行政区、澳门特别行政区均已通过本地立法实施国徽法，经研究，建议两个特别行政区根据修改后国徽法的有关规定、原则和精神，对各自本地立法作相应修改。

国徽法（修正草案）和以上说明是否妥当，请审议。

中华人民共和国国徽法

ZHONGHUA RENMIN GONGHEGUO GUOHUIFA

经销/新华书店

印刷/鸿博睿特（天津）印刷科技有限公司

开本/850 毫米×1168 毫米 32 开　　印张/0.75　字数/9 千

版次/2020 年 10 月第 1 版　　2020 年 10 月第 1 次印刷

中国法制出版社出版

书号 ISBN 978-7-5216-1339-1　　定价：4.00 元

北京西单横二条 2 号

邮政编码 100031　　传真：010-66031119

网址：http://www.zgfzs.com　　编辑部电话：010-66066621

市场营销部电话：010-66033393　　邮购部电话：010-66033288

（如有印装质量问题，请与本社印务部联系调换。电话：010-66032926）